极地百科

[英] 杰森·比特尔 著
[英] 克莱尔·麦克尔法特里克 绘
杜 创 张宝元 译

浙江教育出版社·杭州

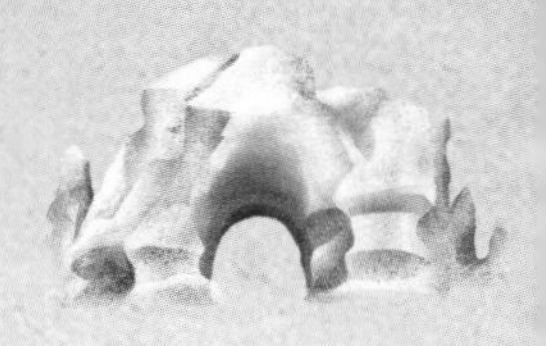

图书在版编目（CIP）数据

DK绝妙的极地百科 /（英）杰森·比特尔（Jason Bittel）著 ；（英）克莱尔·麦克尔法特里克（Claire McElfatrick）绘 ；杜创，张宝元译．-- 杭州 ：浙江教育出版社，2023.10
ISBN 978-7-5722-5755-1

Ⅰ．①D… Ⅱ．①杰… ②克… ③杜… ④张… Ⅲ．①极地－儿童读物 Ⅳ．①P941.6-49

中国国家版本馆CIP数据核字(2023)第197445号
引进版图书合同登记号 浙江省版权局图字：11—2023—395

DK绝妙的
极地百科

当人们提及北极和南极时，脑海中往往浮现的是冰天雪地的画面。极地确实满是冰雪，但那里还有数量惊人的生命存在！

从聪明的虎鲸、神速的企鹅，到往返于两极的燕鸥、寿命长达400岁的鲨鱼，这个地球上最寒冷、环境最严酷的地方，竟然孕育着繁多的物种，蕴藏着超多的惊喜！夏季时节，北极地区五颜六色的花朵漫山遍野。在南极，科学家们全年都居住在看起来像空间站的特殊的实验室里。

和我一起前往冰冻世界，踏上一段不可思议的冒险之旅吧！

杰森·比特尔

DK | Penguin Random House

DK绝妙的极地百科
DK JUEMIAO DE JIDI BAIKE
［英］杰森·比特尔 著
［英］克莱尔·麦克尔法特里克 绘
杜 创 张宝元 译

责任编辑：王方家　　美术编辑：韩 波
责任校对：傅美贤　　责任印务：沈久凌

出版发行：浙江教育出版社（杭州市天目山路40号）
印刷装订：惠州市金宣发智能包装科技有限公司
开　　本：635mm × 965mm　1/8
印　　张：10.5
字　　数：210 000
版　　次：2023年10月第1版
印　　次：2023年10月第1次印刷
标准书号：ISBN 978-7-5722-5755-1
定　　价：98.00元

如发现印、装质量问题，影响阅读，请联系调换。
联系电话：010-62513889

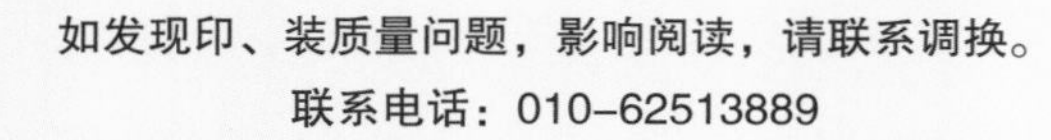

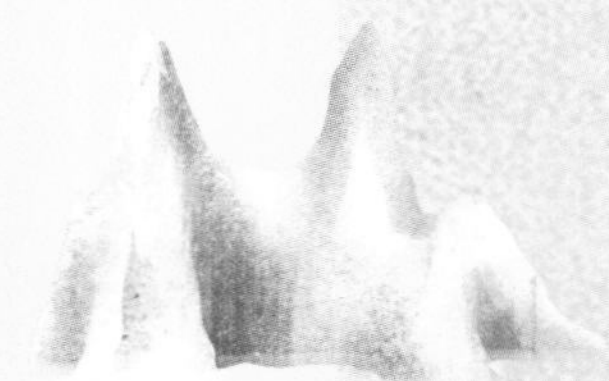

目录

冰山的大部分都隐没在海面以下。

北极、南极的概念

这两处无与伦比的冰雪之境位于地球两端——北极在最北端，南极在最南端。

在北极和南极都生活着独特的动物，但它们不会同时存在于南、北两极。企鹅主要生活在南半球和南极洲，而北极熊则生活在北极地区。

冰山、冰川和冰火山，使这两处冰冻世界成为地球上环境最恶劣的地方，但也正如您即将看到的，这些地方充满了令人叹为观止的自然美景与奇迹。

北极

北极是一片被大陆环抱的海洋。它以地球北极点为中心，覆盖了被称为“北极圈”的大片区域。北极地区包括了大片的坚冰，以及亚洲、欧洲和北美洲三大洲的北缘。

北 极

在北极的生命

北极动物必须具备在极寒条件下生存的能力。它们为了保暖，往往身覆浓密的羽毛、长着厚实的毛皮或脂肪层。

在南极的生命

南极的自然条件恶劣，但也有动物生活在这里。其中大多数为鸟类和海豹——这里没有大型陆生动物。

南 极

冰上幸存者

对于以极地为家的生物而言，生存是日复一日的生死斗争。南极洲保持着地球上最低温度的纪录，而北极则是冰、雪和冰冷海洋不断变化的重重迷宫。

保暖

与生活在温暖地区的动物相比，许多极地动物的体型更大，这意味着它们散失的热量更少。但它们还有很多方法来抵御寒冷。

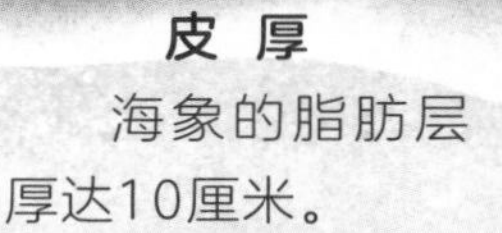

皮厚

海象的脂肪层厚达10厘米。

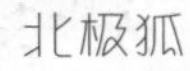

北极狐

毛皮

北极狐浓密的毛皮帮助它们维持40℃的温暖体温。

王企鹅

北极燕鸥

羽毛层

企鹅外层坚硬的羽毛保护着其下蓬松的绒羽。

换羽

每年，王企鹅都会更换损耗的旧羽，以保持羽毛的防水性。

羽毛

因为企鹅的防水羽毛较短且层层交叠，所以它们可以保持身体温暖与干燥。

为了在极寒的环境中生存，极地动物已经进化出了独特的身形和行为模式。

海象

脂肪层

这种脂肪组织覆盖海象的全身并为其保暖。

海兽脂

海洋哺乳动物的皮层下有一层厚厚的叫作“海兽脂”的脂肪，保护它们不受冻。

北极熊

强大的熊掌

北极熊长着像雪鞋一样巨大的脚掌，帮助它们在冰水中划动。

企鹅滑

巴布亚企鹅用鳍状肢来控制方向，在冰雪上贴腹疾驰。

巴布亚企鹅

行动自如

极地动物已完全适应极地环境，足以应对在冰天雪地和冰封海域之中所遇到的挑战。

伪装

北极地区在冬季时到处白雪皑皑，而到了夏季，遍地是棕色与绿色。一些生活在这里的动物为了隐藏自己，会改变毛色。随着天气逐渐变冷，这些动物会褪下它们棕色的毛皮或羽毛，换上洁白的冬衣。

岩雷鸟

这种鸟一生中的大部分时间都生活在地面上。它们的羽毛会随着季节变化而呈现完美的保护色：在冬季时呈白色，在夏季时呈棕色。

北极兔的脚掌巨大，防止它们陷入雪中。

尖 端

耳朵里侧与耳尖呈黑色。

北极兔

这种兔子在冬季时全身雪白，在夏季时则变成棕色或灰色。白色的冬衣使猎食者很难在雪地中发现它们。

伶鼬

在北极地区，冬季的白昼比夏季的短。日渐变短的白昼让伶鼬开始褪去棕褐的被毛，换上白色的被毛。

北极狐

大多数北极狐在夏季时的毛色呈灰色或黑色，在冬季时则呈纯白色。它们依靠敏锐的听觉发现隐藏在深雪之下的小猎物。

夏季

繁殖的季节

许多极地鸟类在夏季时进行交配与繁殖。

地球全年围绕太阳公转，所以向太阳直射的那一半球经历夏季。这个季节在地球两极表现得最为极端。

矛 隼

细嘴雁

在极地的夏天，太阳永远不会完全落入地平线以下。

“午夜太阳国”

挪威之所以有这个昵称，是因为这个国家一半以上的地区都位于北极圈内，导致夏季时的白昼格外漫长。

夏日炎炎，蚊虫肆虐

在夏季时，蚊虫成群结队，导致驯鹿为了躲避它们不得不一直移动。

驯 鹿

驯 鹿

迁移的驯鹿

驯鹿也被称为“北美驯鹿”。在北极的夏季，它们会赶赴640千米外的产犊区，在那里产下幼崽。

北极点和南极点

南、北两极的季节正好相反。这是因为当地球其中一个极点被太阳直射，经历夏季时，而另一个极点就刚好经历冬季。

冬季

当地球绕着太阳公转时，不被太阳直射的那一半球经历冬季。这意味着在两极生存的植物和动物必须连续数月忍受黑暗无光的世界。

在极地的冬天，太阳永远不会完全从地平线上升起。

6个月的黑暗

想象一个长达半年的夜晚，这样一来你就会对冬季时的极地生活有了概念。

北极的生活

大约有400万人生活在北极地区。

冬季的幼崽

北极熊通常在12月时产崽，那时它们的世界一片黑暗。

对北极熊等极地动物而言，冬季是食物充足的时节，而夏季则是忍饥挨饿的时节。

冰 山

冰山是一块长度超过15米的淡水冰块。当一部分冰从冰川或冰架上脱落后，就形成了冰山。此后，新生成的冰山就会在海洋中自由漂浮。有的冰山只有汽车大小，而有的冰山跟一些小国家的面积一样大！

岛状冰山

这块高耸的冰是从冰架边缘断裂而形成的冰山。岛状冰山也被称为“桌状冰山”。它们近似方形，体积庞大。

无定型冰山

不是所有的冰山都是顶部平坦、侧壁平整的。不规整的冰山统称为“无定型冰山”。它们形状各异、大小不同。

桌状冰山

这种冰山低矮，有着光滑且平整的顶部。其中一些呈完美的矩形。

穹顶冰山

这种冰山四周平缓上升，形成平滑的圆顶形。

塔状冰山

塔状冰山的顶部通常有一个或多个尖顶或柱体。

斜坡冰山

这种冰山由桌状冰山倾斜而成。边壁垂直，顶部呈斜坡状。

一座冰山一般约有10%的部分露出水面，那是我们看得见的部分。其主体大部分都隐没在海面之下。

干船坞形冰山

天气和海浪不断侵蚀冰山。这会产生带U型开口的“干船坞”形状的冰山。

块状冰山

这种冰山高大壮观，形状宛如巨大的箱子。它们的侧壁非常笔直、陡峭。

拱形冰山

随着时间流逝，冰山各处销蚀严重。其中一些冰山的正中间会出现拱门。

楔形冰山

这些是倾侧的桌状冰山，其侧面呈三角形，各面在顶部收拢成一个点。

水下冰锥

当海水结冰时，晶体会析出盐分，这一过程会产生非常冷、非常咸的被称为“卤水”（盐水）的液体。当这种卤水向下流淌至海底时，也会在瞬间将周围的海水凝结成冰，形成名为“水下冰锥”的空心冰柱。

水下冰锥

水母

冰冷的杀手

水下冰锥在水中缓缓下淌。当它触及海床时，会蔓延成一条冰路，冻结并杀死所有不幸挡道的生物。

水下冰锥推进的冰路

这些令人难以置信的水下构造有时被称为“海底钟乳石”或“死亡冰柱”。

蓝色的血液

章鱼的血液中含有铜离子，帮助章鱼的血液在低温中携带氧气，这也是它们的血液呈蓝色的原因！

海豹

南极章鱼

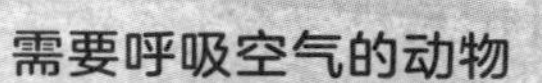

需要呼吸空气的动物

诸如海豹等动物在冰层下猎食，但也需要浮出水面呼吸空气。

南极冰鱼

底栖动物

海底的生物，又被称为“底栖动物”，靠吃从上面掉落的食物以及同类为生！

海星

又老又冷

虽然底栖生物生长缓慢，但它们可以生存数十年。

海胆

冰与火

尽管被冰雪覆盖，但北极和南极也存在着火山。西南极洲有130多座火山，可能还有更多的火山有待被发现。事实上，这些冰雪覆盖的火山形成了地球上最大的火山带！

2017年，科学家在**南极洲西部的冰盖下**……

熔岩

熔岩湖

世界上只有八座火山拥有像埃里伯斯火山上这样冒着泡的熔岩湖。

埃里伯斯火山

南极洲的埃里伯斯火山是地球上最南端的活火山。与其他众多火山不同，它的主火山口有一个长期存在的熔岩湖。

在地下与在水下

南极洲的大多数火山都埋藏在3千米厚的冰盖之下。南极海面以下也存在着火山，比如欺骗岛——一座大部分都位于水面以下的活火山岛。

冰 洞

埃里伯斯火山所产生的热蒸气将火山周围的冰层掏空，从而形成冰洞。

隐藏在南极洲巨大冰层下的火山中，只有少数被认为是活火山。

……发现了**91座新的火山。**

暗藏危机

不少的火山在近些年才被科学家发现。他们无法预知这些火山爆发后将会产生什么样的后果，但如果南极洲的地下火山爆发，很可能会融化部分冰层。

贝伦火山

冰川覆盖的贝伦火山是地球最北端的活火山。它位于挪威境内的扬马延岛上。这座火山最近一次喷发是在1985年。

熊山

“贝伦”在荷兰语中意为“熊山”。在17世纪时，捕鲸者在那里看到了北极熊，由此得名。

北极熊

稀有的熊类

现在，人们认为已经很难在贝伦火山发现北极熊了。

冰层上的河流

地球的两极不止有冰雪，还有流动的河水、湖泊和巨大的瀑布。当积雪被风吹走，从而形成一些河流，露出下面的黑冰。这些冰块吸收太阳的光和热，引发更多的冰雪融化。

地球的两极并没有被完全冻结！

河流

南极

在南极洲的夏季，当越来越多的冰雪消融时，大约700条河流和较小的溪流遍布整片大陆，将融化的冰雪带回大海。

科学家仍在努力研究极地冰雪的融水

池 塘

当极地的冰雪融化，雪水就会汇聚形成池塘。溪流源源不断地汇入，其中一些池塘能达80千米宽！

冰下的河流

巨大的河流在地表以下500米深的湖泊之间传输流水。甚至有片脚类动物——栖息在这些河流之中。

冰 川

冰川遍及两极地区，似河流但又不是河流。它们是在陆地上缓慢移动的巨大冰体。

瀑 布

当冰雪融水所形成的河流流到冰架边缘，就产生了美丽的冰蓝色瀑布。

北 极

北极地区河流众多，其中有五条主要的河流从北美洲、欧洲和亚洲向北冰洋汇入大量淡水。

对海平面上升与气候变化所造成的影响。

极光

极光，也分为北极光和南极光，指的是有时夜间在极圈附近看到的一种自然发光的现象。极光看起来像在地平线上闪烁和舞动的火焰、帘幕或光带。

极光是以古罗马的黎明女神……

绚丽多彩

极光可以是蓝色、红色、黄色、绿色、紫色或橙色的。极光的颜色取决于来自太阳的高能带电粒子与地球高层大气层中哪些气体发生撞击。

……欧若拉（Aurora）的名字来命名的。

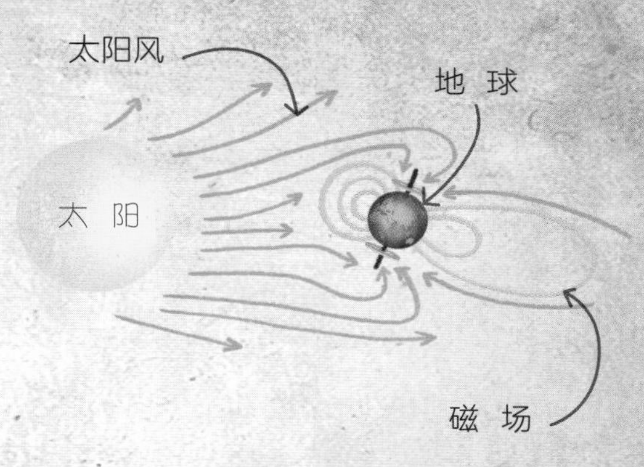

极光如何产生以及为什么？

由太阳风所携带的高能带电粒子与地球大气层中的气体发生碰撞，从而产生极光。这一现象通常发生在两极地区，因为地球磁场的形状会使高能带电粒子转向两极。

一南一北

极光出现在地球北半球时称为“北极光”，而出现在南半球时称为“南极光”。

这头北极熊妈妈和熊宝宝正躲在加拿大的瓦普斯克国家公园的树丛中。

北极的生命

你可能会把北极想象成一处黑暗且空旷的荒原，但实际上这里生机勃勃。

一角鲸和格陵兰鲨在水中游弋，而北极熊在陆地出没。海豹和海象在海洋中觅食，然后上岸休息或抚育幼崽。每年夏天，数以百万计的海鸟涌入这片区域。绚丽的花朵甚至在海岸边和苔原上傲然绽放。

当然，这里也有人类，至少在4.5万年以前，最早的一批人就来到了北极！

北极苔原

北极地区的自然景观可不只是了无生气的冰与雪。夏季来临，野花、灌木和植物状地衣次第染上缤纷的色彩，数以千万计的鸟类前来繁衍后代。

麝牛

王绒鸭

湿 地

融化的冰雪孕育出沼泽、湿地等重要的淡水栖息地。

北极熊

苔原是什么？

北极苔原由绵延起伏的平原组成，因所处的地理纬度太高，所以树木无法在寒冷的冬季扎根。苔原一词来自芬兰语“tunturi”，意思是“没有树木的平原”。

红领瓣足鹬

永冻层

顾名思义，永冻层是一层冻结的苔原土壤，这一地层可能存在于从地表到地下数百英尺的任何地方。它在一年中的大部分时间或全年都处于冻结状态。

迁 徙

每年夏天，驯鹿为了赶往苔原会迁徙数百千米。

充满生机

尽管面临雨量稀少、极端低温、食物短缺等困境，但数百种植物和动物还是想方设法在苔原上生存了下来。

北极的哺乳动物

北极地区生态环境恶劣，鲜有哺乳动物以北极为家。但那些生活在这里的生物都令人印象深刻。这片区域生活着世界上两种体型最大的熊类：北极熊和棕熊。

觅食

驯鹿用它们的鹿角在雪地里挖掘食物。

驯鹿

北极兔

北极狐

耐寒

北极狐可以在低至-50℃的气温中生存。

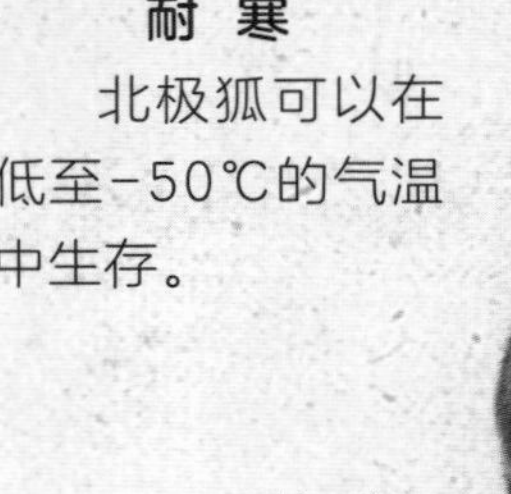

棕熊

许多北极的哺乳动物都身披漂亮的白毛，

北极狼

群居生活

北极狼齐心协力猎杀驯鹿、麝牛等大型猎物。

毛皮大衣

一头麝牛的皮毛比一只绵羊的羊毛足足暖和八倍！

麝 牛

北极熊

旅 鼠

小身躯，大力量

貂熊是凶猛的捕食者。它们可以咬碎比自己个头大很多的动物的骨头。

貂 熊

冰 熊

北极熊的毛发看起来是白色的，但实际上是透明的。

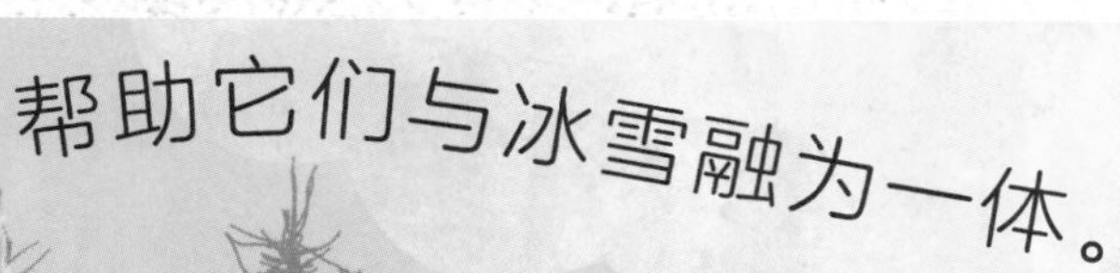

不变的外衣

北极狼的毛皮全年都呈白色。

伪 装

洁白的毛皮有利于许多北极动物与周围的环境融为一体。这使得北极狼等捕食性动物可以悄悄靠近猎物。

新住户

随着北极地区气候变暖，木本植物比以往任何时候都更往北生长。比如以下这些动物正随着植物向北迁移，因为该地区变得越来越宜居了。

美洲河狸

北极地区的工程师

美洲河狸啃食木本植物，并用树木建造水坝。这些水坝形成池塘，导致池塘下方的永久冻土融化，重塑着地貌景观。

欧洲麋鹿

大型鹿类

欧洲麋鹿，或称驼鹿，是体形最大的鹿类。它们以木本植物为食，喜寒凉的栖息环境，所以在气候较为寒冷的北极地区蓬勃生长。

雪 雁

红喉潜鸟

王绒鸭

炫 耀

雄王绒鸭的面部色彩斑斓，带着黄色、橙色和红色。

雪 鸮

苔 原

有些鸟类在苔原无树的平原地面上筑巢，比如雪鸮。开阔的平地可以使它们进行全方位观测，从而保护自己的巢穴。

普通潜鸟

小天鹅

红颈瓣蹼鹬

长尾贼鸥

北极的鸟类

一年之中，大约会有200种鸟类在北极安家。有些鸟类不远万里地迁徙至此，甚至有从遥远的南极飞来的鸟类。还有些鸟类则全年忍受着这里低温的天气。

岩雷鸟

岩雷鸟是一种与鸡差不多大小，在地面筑巢的鸟类，与松鸡有亲缘关系。

岩雷鸟

雄 鸟

雌 鸟

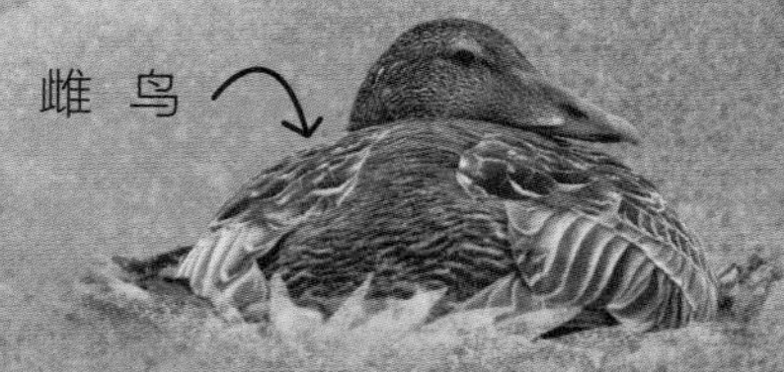

欧绒鸭

迁徙

为什么鸟类要飞越大半个地球来到北极？因为每年夏天，迁徙而来的鸟类不用担心捕食者和寄生虫。

“迁徙之王”

从南极洲到北极圈，北极燕鸥的迁徙路程是所有动物中最长的。

悬崖

悬崖峭壁为鸟类在北极地区的繁殖提供了安全之所，使它们躲避寒冷，远离捕食者。

鸥中之王

大黑背鸥是世界上最大的海鸥。

亲近水

北极的许多鸟类十分擅长游泳与潜水。例如北极海鹦，它们可以潜入水下、在水中游泳捕鱼吃。

海洋中的生命

从深潜的鸟类到水中的独角兽，北极的生物为了在北极冰层之下的寒冷世界中生存，不得不进化出一些神奇的特征和行为方式。

白鲸

一角鲸

白鲸

白鲸是一角鲸的近亲，属于群居动物，通常以“鲸群”的形式成群结队地活动。

海中的“独角兽”

一角鲸看起来长得有点像传说中的独角兽，但实际上它头顶的“角”是一颗长得过长的牙。一些雄鲸的长牙可以达到惊人的3米长！

长于“齿”道

一角鲸的长牙可以帮助它们感知周围的世界。

北极鳕鱼

海 象

鱼类侦探

海象超级灵敏的胡须帮助它们在海底找到美味的贝类。

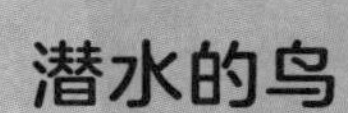

竖琴海豹

冰上托儿所

竖琴海豹的宝宝成群地出生在浮动的海冰上。

许多北极哺乳动物都裹着一身厚厚的脂肪，使自己在寒冷的北极保持温暖。

海 鸽

潜水的鸟

海鸽可以潜到180米深的海底寻找鱼类。

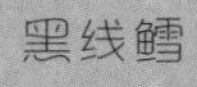

黑线鳕

海 象

格陵兰鲨

虽然格陵兰鲨可能没有标志性的大白鲨那么有名，但它们却是强大的纪录保持者。科学家认为这种庞然大物可以活到400多岁！这种古老的庞然大物相当神秘，人们对其知之甚少。

冷水中的庞然大物

一条格陵兰鲨的体重可达1.3吨，身长比长颈鹿还长！

格陵兰鲨的寿命比地球上其他任何脊椎动物都要长！

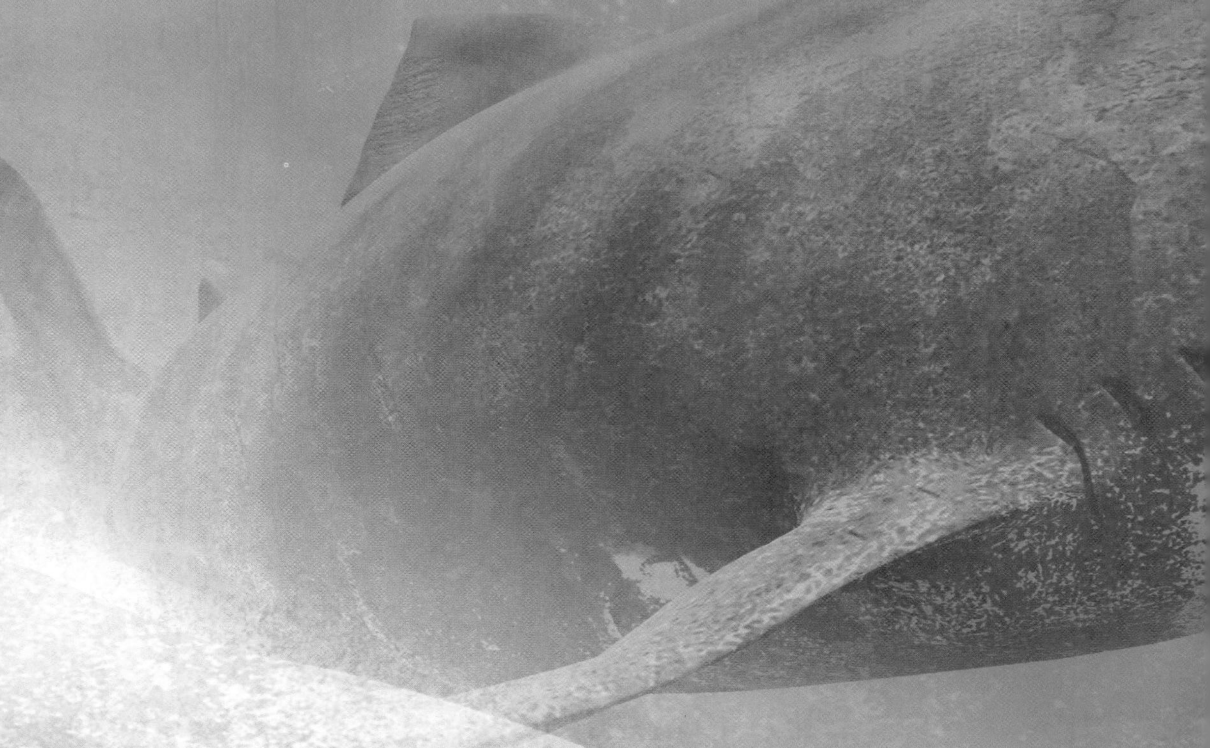

睡鲨

格陵兰鲨是一种睡鲨，因其缓慢而不动声色地袭击猎物而得名。

有的格陵兰鲨可能**从17世纪**……

人们在格陵兰鲨的胃里发现过各种食物，从驯鹿到北极熊，不一而足。

环球旅行者

人们一度认为格陵兰鲨只存在于北极寒冷的水域。然而最近，人们在遥远的中美洲伯利兹以南的海洋中也发现了它们的踪迹。科学家认为，深海之下的寒冷环境令它们感到舒适。

防 冻

鲨鱼身体组织中的化学物质会防止鲨鱼被冻住。这有助于它们在地球上一些最寒冷的地区生存。

食腐动物

格陵兰鲨既吃肉，也食腐。它们捕食鱼类、乌贼以及海豹等海洋哺乳动物。

视力丧失

格陵兰鲨的眼球上经常会有寄生的小型甲壳类动物。这导致格陵兰鲨丧失部分视力，但似乎又没有对它们造成实际的影响。

……一直活到现在！

树 木

北极苔原往往缺乏树木。但随着全球气候变暖，某些类型的树木，例如云杉，已经延伸至更北的区域。

北极的植物

虽然北极大部分区域都是广阔的海面和冰层，但大约有1700种植物扎根在欧洲、亚洲、北美洲三大洲的最北端。这些植物必须熬过严冬酷寒，到了夏季，近乎永昼的阳光使其蓬勃生长。

北极柳

为冬季而生

为了防止被冻住，北极地区的植物具有特殊的适应策略。它们的根系通常很短，贴着地面匍匐生长。

北极罂粟

北方石蕊

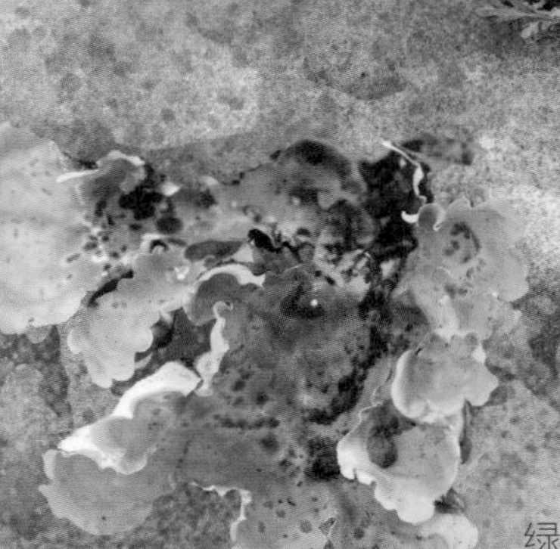

绿皮地卷

泥炭藓

地 衣

地衣虽然看起来像植物，但实际上是由真菌和藻类共生的复合体。它们几乎随处可见，并为动物提供食物、栖息地和筑巢材料。

杯状地衣

花朵

夏季时节，北极到处都色彩斑斓。虽然有些花朵仅仅匆匆盛开几日，但每一朵花都是北极野生动物重要的营养来源。

苔藓

苔藓如地毯铺就，生长在其他植物无法存活的地方。苔藓从空气与土壤中汲取水分，也能挺过干旱与极寒的时期。

北极的节肢动物

完整的生态系统不能没有昆虫，北极也不例外！从传粉昆虫到寄生虫，数量庞大的昆虫和蛛形动物找到了一些不可思议的方法，得以在凛冽冷酷的北极生存繁衍。

"北极星"熊蜂

防 冻

这种毛虫的血液中含有保护它们不被冻住的化学物质！

花朵的力量

杯状的花朵汇聚太阳的热量，帮助熊蜂取暖。

北极灯蛾

大多数毛毛虫在第一年就会变成飞蛾或蝴蝶，但北极灯蛾不会。北极的严寒迫使北极灯蛾发育停滞。在变为飞蛾以前，灯蛾幼虫可以存活7年。幼虫变成飞蛾的这种发育过程称为"蜕变"。

"北极星"熊蜂

这种熊蜂在寒冷时无法飞行。它们靠晒太阳取暖，同时通过"震颤"其巨大的飞行肌肉来产生热量。浑身毛茸茸、体型略大于正常尺寸也有助于这种昆虫在严寒中保持舒适。

“吸血鬼”

母蚊子通过吸食动物的血获取蛋白质，然后用这些蛋白质来产卵。

蚊 子

小型“恐怖分子”

芝麻点大的蠓虫十分微小，所以俗称“看不到”（no-see-ums）。

蠓 虫

蜱 虫

伺机而动

蜱虫总是潜伏在草地上，静静地等待大餐降临。

吸血的动物

许多寄生虫在北极安了家，在那里它们以吸食大型动物富有营养的血液为生。这些微型生物数量惊人，迫使驯鹿等大型动物不断走动。

生命的循环

幼虫一旦从驯鹿的鼻子里喷落到地上，它们就会生长发育为成虫，继续重复这个怪异的循环。

驯 鹿

幼 虫

安然无虞

仅一头驯鹿的鼻腔内就被50余条人肤蝇幼虫占据。驯鹿鼻子和喉咙的温度帮助人肤蝇幼虫熬过冬季。

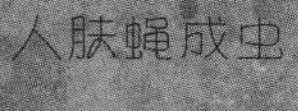

人肤蝇

驯鹿对人肤蝇的生存至关重要。这种寄生蝇直接将幼虫产在驯鹿的脸上，幼虫再钻入驯鹿的鼻孔和喉咙里越冬。等到开春，幼虫脱出，驯鹿通过打喷嚏将它们排出体外。

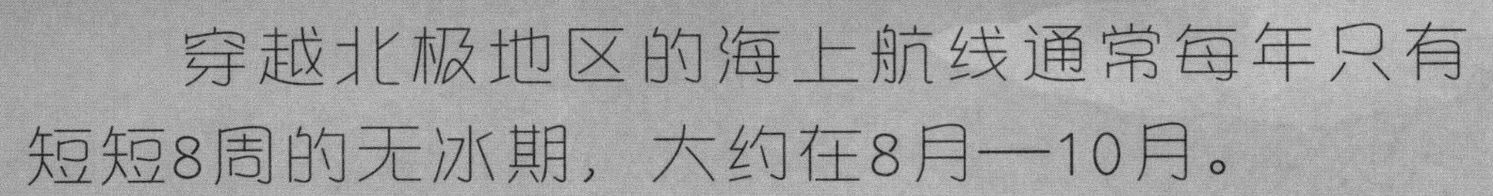

穿越北极地区的海上航线通常每年只有短短8周的无冰期，大约在8月—10月。

冰上舵手

只有经验丰富的“冰上舵手”才能在冰层环绕中找到方向。

一些破冰船可以……

超强动力

破冰需要巨大的能量，因此，破冰船比其他船只拥有更强的动力。有些破冰船甚至由核反应堆提供动力！

嘎嘎作响的旅程

当冰受挤压并不断刮擦船舷时，会发出各式各样的声响。有咕咕声、哼唧声、撕裂声，甚至刺耳的声音！

在其余时间里，船只依靠破冰船在北极冰层上开路。

伙伴体系

普通船会雇用破冰船在前方的冰面上为其开路。它们再紧随其后。

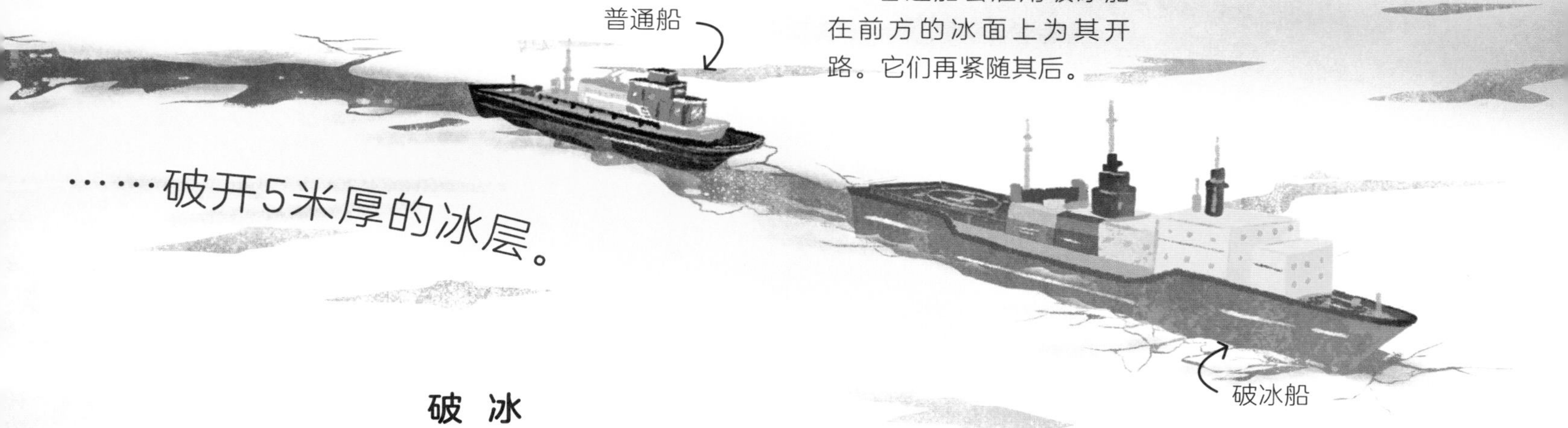

普通船

……破开5米厚的冰层。

破冰船

破　冰

破冰船要拥有非常坚固的船体（船身），才承受得住与冰层的猛烈撞击。弧形的船首（前部）让船滑到坚冰之上，随后船体的重量将其下的冰层压碎。

超大负载

“前宽后窄”这种特殊的形状使破冰船能够劈开厚厚的冰层，为其他船开辟一条航路。

破冰船

船只横跨北半球最简单、最直接的方式之一就是穿越北极圈。但要解决一个问题：冰，而且是大量的冰！解决方案就是使用巨大而坚固的破冰船，这种特别建造的船专门用于破碎厚冰层、开辟航道。

在北极的生活

北极原住民已经在这片区域生活了至少45000年。从北欧的萨米人，到俄罗斯的涅涅茨人和汉特人，再到美国阿拉斯加的阿留申人和尤皮克人，北极地区分布着40多个不同的民族。如今，原住民和非原住民仍然生活在那里，可今时不同往日了。

摇摇欲坠的地面

气候变化正导致永久冻土融化，危及建在冻土之上的建筑物和道路，使其倒塌。冻土融化也可能扰乱淡水供应。

一天的收获

人们主要以吃自己捕获的食物为生，比如：鱼、海豹和驯鹿。水果、蔬菜、饼干和碳酸饮料等食品必须通过船（但只有在冰层完全融化时）或飞机运输。所以，这些食物非常昂贵。

轻型飞机

交通

有些北极社区有简易的机场，以供小型飞机运载人员和货物。几千年来，在极地生活的人们使用狗拉雪橇在雪地上穿行。如今，他们越来越多地使用雪地摩托。

迁移

有些民族过着游牧生活。这意味着他们总会随着季节的变化，跟着驯鹿群的移动而迁移。

人们已找到众多在地球上一些最偏远的地方生存的办法。

驯鹿

在家和外出打猎

像格陵兰岛上这些色彩斑斓的木屋建筑在北极地区很常见。因纽特人是一个广泛分布于北极地区的土著群体。冰屋不仅在他们打猎和捕鱼途中起挡风遮雨的作用，也是他们举行文化仪式的场所。

冰路

在冬季，人们会在冰雪覆盖的苔原、湖泊和河流上修建冰路。

根据天气着装

一直以来，北极地区的居民会用他们所猎杀的动物（如海豹或熊）的皮和毛来制作传统的服饰。如今，他们更多的是穿机器制造的衣服。

北极的城市生活

北极地区有城市？是的，的确存在！事实上，在北极圈以北，人口超过3万人的城市有10个。俄罗斯的摩尔曼斯克是其中最大的城市。

恶劣的居住环境

有一些城市，如俄罗斯的诺里尔斯克，因为没有进出的道路，人们只能乘船或飞机抵达！气温也是一大挑战。冬季时，摩尔曼斯克的气温会降至-39.4℃。

漫长的白天与黑夜

大多数的北极城市每年冬天至少会经历一天太阳不会升起的极夜，每年夏天至少会经历一天日不落的极昼。

没有树的城市

大部分的北极城市没有一棵树，因为它们所处的纬度太高了。

北极的活动

在北极地区生活有诸多好处。漫长的夜晚会有美丽的落日和极光。人们尽情享受滑雪和徒步等雪上运动。

北极的社区

原住民和非原住民都居住在北极地区的城市中。

北极探险

从19世纪初开始，探险家们跃跃欲试，力争成为第一个到访北极点的外来者。1908年—1909年，曾有两支探险队分别宣称自己完成了这项壮举，但专家不能肯定他们是否到达了真正的北极点。

访客众多

当世界各地的访客已成为北极探索的一分子时，需谨记此地在45000年前就已经是原住民赖以生存的家园了。科学家和历史学家们认为，第一个到访北极的非土著居民是古希腊探险家皮西亚斯。大约在公元前300年时，他曾探索此地。

雪地求生

外来者向因纽特人学习如何保暖和保持干燥，学会了用海豹和鹿皮制作衣服。

探险队乘坐狗拉雪橇在雪地中行进。

如今，人们已发起了数百次远征北极点的探险活动。人们通过滑雪板、飞机、摩托车和潜水艇等各种手段抵达那里！

配合协作

四名因纽特人以及两名美国男子组成了1909年远征北极的探险队。

可能的极点

1909年的探险队在他们所认为的北极点拍下了一张照片。

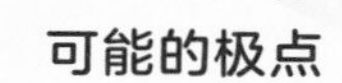

1909年的北极远征

许多人认为，第一批抵达北极的外来人员是1909年的探险队成员。然而，后来出现的证据表明，该探险队抵达的地点与实际的北极点还有一小段距离。

远征北极的探险队面临着充满挑战和危险的自然状况。

路易斯·阿纳·博伊德

在1955年时，博伊德成为世界上首位乘飞机抵达北极点的女性，但她的人生远远不止于此！在其一生中，她研究过冰川、全新的北极植物物种。

南极的生命

科学家一路走到“世界之底”，正探索着南极洲的秘密。

南极有着地球上有记录以来的最低气温，所以，这儿并不适合胆小的人。但是动物们已经在这里安居乐业。

当企鹅在水下猎食磷虾，虎鲸和豹海豹穿过海浪竞逐这种游泳的鸟儿时，信天翁、海燕和贼鸥在上空翱翔。在冰层之下，生命变得更加怪异，因为像海绵和蠕虫等生物终其一生都生活在暗无天日之中。

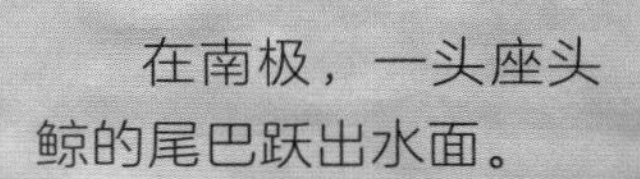

在南极，一头座头鲸的尾巴跃出水面。

浮冰

浮冰有时处于松动的、自由漂浮的状态，有时又像一面面碎玻璃组成的墙壁相互挤压在一起。瞬息万变的浮冰构成了南极洲一道重要的风景线。

南极海狗

休息的地方

企鹅、海豹和海鸟在游泳的间隙待在浮冰上小憩。

浮冰一直在不断变化与漂移。

浮冰是什么？

浮冰指的是不依附于陆地，可自由漂浮的冰。当小片的海冰冻结在一起时，就会形成流冰。被风或洋流推到一起的流冰称为浮冰。当浮冰冻结在一起时，就会积聚成大面积的浮冰。

重叠冰与冰脊

一块冰被推到另一块冰之上，就叫作重叠冰。冰脊指的是冰受挤压而形成的坚实的墙体。

赶去吃饭

磷虾以生长在浮冰之下的藻类为食。这使得浮冰成了企鹅等以磷虾为食的动物们的自助餐厅。

觅食地

豹海豹被吃磷虾的企鹅吸引前来，伺机潜伏在水下。

浮冰会根据气温、风和海洋水文的情况每日变化。

一处不断变化的世界

每年冬天，南极周围极冷的海域冻结成厚厚的海冰，使得南极洲的面积增加了一倍。

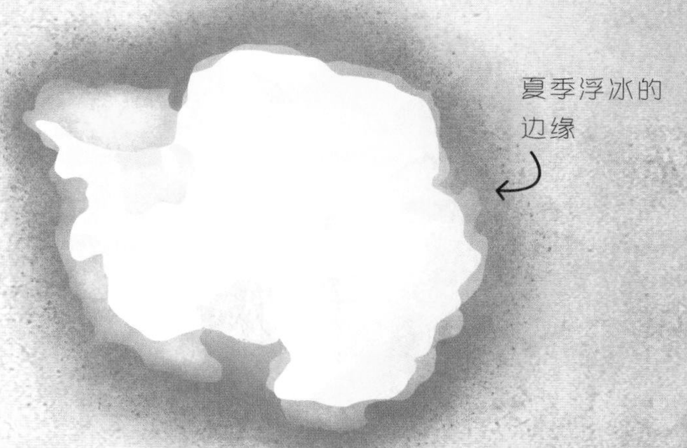

夏季

夏季时，南极洲周围的海冰破裂成浮冰。然后漂入大海，融化在海洋里。

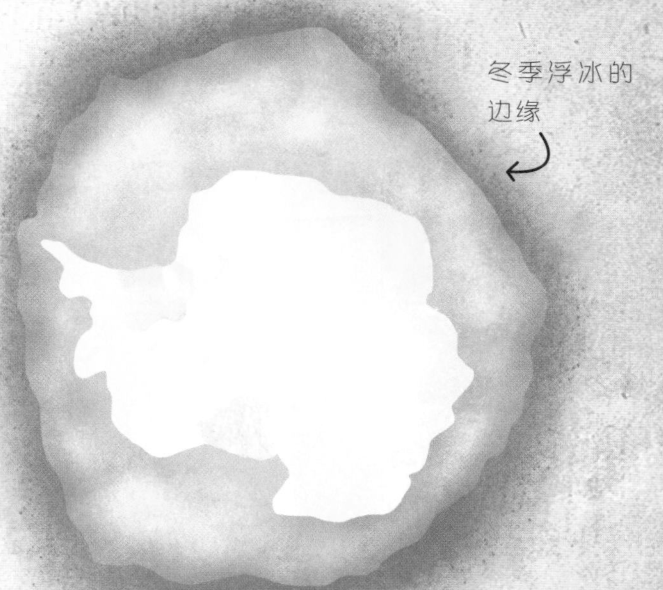

冬季

冬季来临，阳光消失不见，南极洲周围的地表水再次冻结成厚厚的冰层。

冰下的生命

在南极洲地表深处，存在着一个我们大多数人都无法看到的世界。尽管照不到阳光，但冰架之下的海底却充斥着各种生物，其中大部分是最近才被发现的。

企鹅

苔藓动物

这群生物被称为苔藓动物。它们底栖在海床上，以滤食水中的藻类为生。

管虫

就像蜗牛分泌黏液，管虫也会分泌矿物质。它们会在身体周围生成起保护作用的管状外壳。

海绵

你知道海绵是种动物吗？它们栖息在海底，从水中过滤食物。

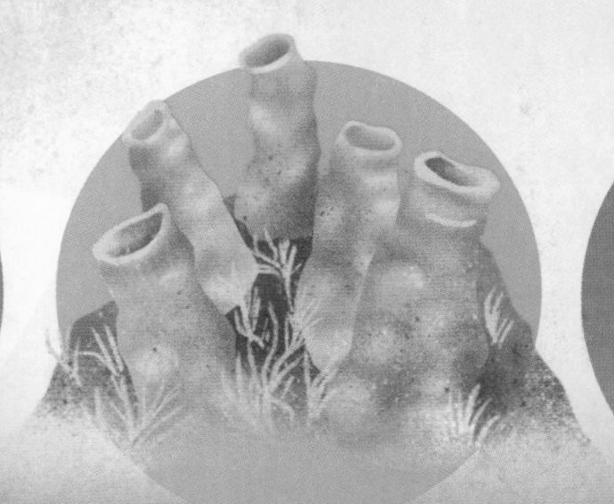

端足目动物

人们在南极洲冰架下方深处发现了成群结队的名为"端足目动物"的小型甲壳类动物。

黑暗深渊

2021年，科学家在南极洲永久冰盖下近200米深的地方发现了一处生态系统，他们对此深感震惊。因为这里深不见光。

热 水

科学家用钻头和沸水在厚冰上钻孔（打孔）。

钻 孔

磷 虾

磷虾是一种透明的酷似虾类的甲壳类动物，是整个食物网的根基。

豹海豹

磷 虾

生活在边缘

在冰盖与海洋的交汇处，鱼类和企鹅聚集在一起吃磷虾。豹海豹和虎鲸等捕食者自然也在不远处。

在海面之上，南极洲被认为是一片冰雪荒漠。但在海面以下，寒冷的海域充斥着各种生物。

能量来源

太阳的光能被植物、藻类以及被称为浮游生物的动物所吸收。

关键种

磷虾吞食微小的浮游生物，接着它们又被其他生物吃掉。这意味着磷虾的能量转移到了更大型的动物身上。要是没有磷虾，整个食物网就会分崩离析。

浮游生物

重要的食物来源

浮游生物是随着洋流漂移的微小植物与动物。

磷　虾

磷虾体长约6厘米，是一种外形似虾的小型甲壳类动物，它们遍布世界各地。在南极水域中磷虾尤为重要，因为它们是海底食物网的关键。食物网是指一个生态系统中所有不同物种之间的相互关系。

滤食性动物

磷虾用胸肢上的毛状梳尺捞起并吃掉水中的浮游生物。

磷　虾

阿德利企鹅

深　潜

阿德利企鹅可以潜到水下175米深的地方，捕获它们主要的猎物——磷虾。

虎　鲸

顶级猎食者

虎鲸是顶级捕食者，猎食范围极广，包括企鹅和海豹等大型动物。

觅食盛宴

有些海鸟以磷虾为主要的食物来源。

大 嘴

包括须鲸在内的一些鲸类会利用口中被称为“鲸须”的角质须来过滤磷虾。

吃磷虾的海豹

尽管名字叫作“食蟹海豹”，但它们主要以磷虾为食。

生命的循环

即使是地球上体积最大的动物——蓝鲸，也以磷虾为食。鲸排出的粪便为浮游生物提供养料，而磷虾又以这些浮游生物为食。失去其中之一，其他生物也就无法存活。

从蓝鲸到企鹅，南极洲的诸多生命都与磷虾休戚相关。

海豹

南极一共有六种海豹。它们构成了该地区最大型的捕食种群之一。其中，雄性象海豹的个头最大，体重比一辆皮卡车还重。

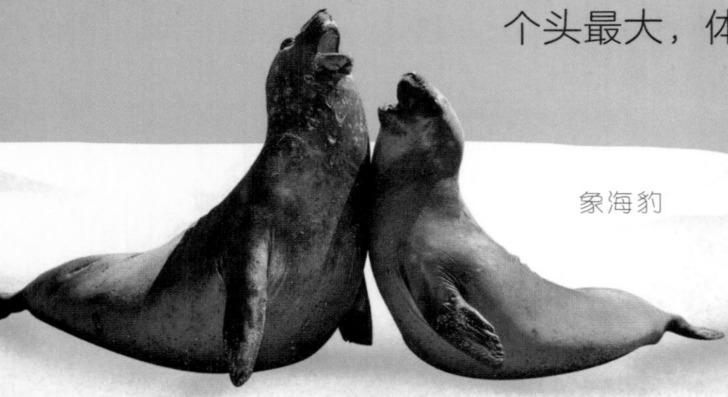

企鹅

大眼看着你

大大的眼睛和瞳孔有助于海豹在幽暗的深海中看清事物。

象海豹因它们如同象鼻的鼻子而得名。

海狗

象海豹

屏住呼吸

象海豹呼吸一次就可以在水下停留近两个小时。

鱿鱼

小家伙

海狗是南极洲体型最小的海豹。

气 孔

威德尔海豹会在冰层上啃出用来呼吸空气的冰洞。

海中“豹”

顾名思义，豹海豹是一种凶猛的捕食性动物。它们捕食企鹅、鱼类、鱿鱼，甚至其他海豹。

海豹一生中的大部分时间都在冰下度过，那里往往比水面的世界更暖和。

海中巨无霸

地球上一些体型最大、最惊人的生物以南极水域为家。寒冷的深水富含大量营养物质，并通过暗流涌上海面。

巨鲸

蓝鲸是地球上体型最大的动物。它的心脏有一辆小汽车那么大。

虎鲸

“鲸”多势众

虎鲸通过群体围剿，可以猎杀比自身大好几倍的猎物——甚至是蓝鲸！

南瓶鼻鲸

“瓜头”

南瓶鼻鲸前凸的球状前额被称为“瓜头”，可能用于回声定位。所谓“回声定位”，即动物利用声音进行导航。

齿鲸

齿鲸是捕食性动物。它们用锋利的牙齿猎食鱼类、乌贼和海鸟，有时也吃海豹等其他海洋哺乳动物。

抹香鲸

阿氏贝喙鲸

巨无霸吃大王

科学家认为，抹香鲸有时会在深海中与大王乌贼（巨型乌贼）搏斗并吃掉它们。

屏住呼吸

阿氏贝喙鲸能在水下待一个小时。

须 鲸

这类鲸以口中排列着巨大的梳齿状的鲸须而著称。鲸须由角蛋白组成（犹如我们的头发和指甲的组成物质），帮助须鲸迅速过滤大量的小型植物和动物，这些动植物太过渺小，以至于其他大型动物不会食用。

浮出海面呼吸

为了在水面更顺畅地呼吸空气，所有的须鲸都长着两个喷气孔，这与人类的两个鼻孔有点类似。

伟大的迁徙者

座头鲸为繁殖后代会进行数千千米的长途迁徙。

角蛋白板

南露脊鲸巨大的口中大约长着250片鲸须板。

蓝鲸是地球上有史以来最大的生物。

亚 军

长须鲸是世界上第二大的鲸。

北极燕鸥

度夏的鸟

在北半球夏季期间，北极燕鸥待在北极繁衍后代，然后一路向南飞，赶在南半球进入夏季时抵达南极。

南迁

为了前往南极，一些燕鸥沿着非洲的海岸线飞行，而另一些则沿着南美洲的海岸线飞行。

北迁

在劲风的帮助下，燕鸥从海上飞回北极。

北极燕鸥

这种神奇的鸟类迁徙的距离远超地球上其他任何生物——每年可达71000千米。这种鸟类的寿命能超过30年，所以，一只北极燕鸥在一生中可以飞行200多万千米的距离。

在海上生活

马克罗尼企鹅出海捕食一次会花上3周的时间。

海岛生活

王企鹅在南极洲周围的岛屿上生存和繁衍。

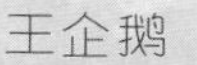

马克罗尼企鹅

适应性强的眼睛

当我们在水下睁开双眼时，视线会模糊不清。但企鹅无论是在岸上还是水下，都能看得一清二楚。

巴布亚企鹅是速度最快的企鹅。它们游泳时速度高达35千米/小时！

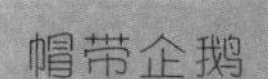

阿德利企鹅

深 潜

企鹅大部分时间都在水中觅食，有时它们会潜到几百米的深处去捕食鱼类、乌贼和磷虾。

企鹅为游泳而生。

种群数量安全

帽带企鹅是南极地区数量最多的企鹅。

南极探险

南极点位于世界上最大、最冷、最多风的荒漠之中。但实际上，探险家们认为抵达南极点比北极点更容易，因为南极点位于陆地之上。北极点则在冰封的海洋中央。在20世纪初，两支不同的探险队出发前往南极，开启了一场争夺南极点的竞赛。

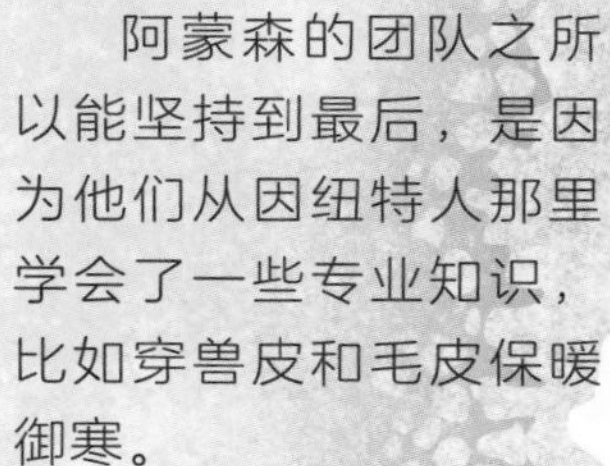

因纽特人的专业知识

阿蒙森的团队之所以能坚持到最后，是因为他们从因纽特人那里学会了一些专业知识，比如穿兽皮和毛皮保暖御寒。

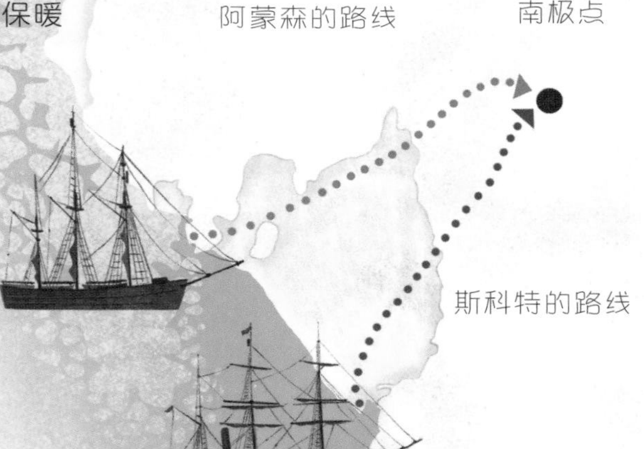

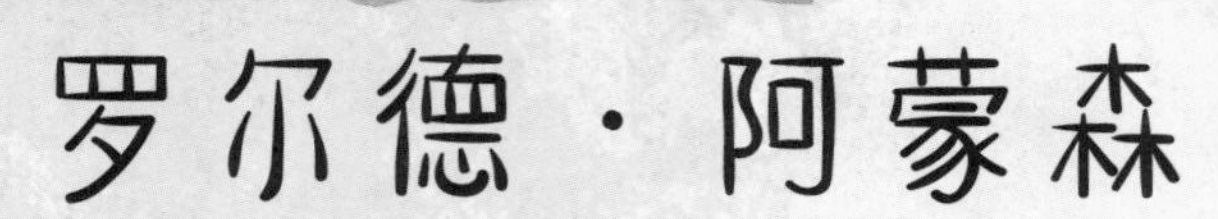

罗尔德·阿蒙森

1911年12月14日，挪威探险家罗尔德·阿蒙森和他的团队成为第一批抵达南极点的人。他们在过去探访北极时，从因纽特人那里学到了在酷寒中求生的办法。他们使用狗拉雪橇和滑雪板向南极点进发，团队的四名成员全都安全返回。

从1897年到1922年间，人们共执行17次前往南极的任务。

沙克尔顿的船

这艘时运不济的船名为“坚忍号”。

对抗恶劣的自然环境

斯科特的探险队遭遇了比阿蒙森一队更酷寒的天气和更恶劣的自然状况。

罗伯特·斯科特

1904年，斯科特第一次尝试向南极点进发，但未能成功。他又进行了第二次尝试，但当他和团队于1912年1月7日抵达南极点时，他们发现阿蒙森的团队早在34天前就已到达这里。遗憾的是，斯科特的团队没能在返回途中活下来。

欧内斯特·沙克尔顿

1914年，沙克尔顿的船在试图穿越南极洲时，被困在了海冰中。船员们在船上困守了几个月，但当船沉没时，他们乘坐救生艇在海上漂泊6天后抵达象岛。随后为了找人求助，沙克尔顿穿越了近1300公里史诗般的旅程。终于在20个月后，他将所有船员安全带回英国。

船的状况

在2022年时，科学家利用遥控潜艇在威德尔海海底找到了“坚忍号”，出人意料的是，它仍然保存完好！

斯卡林独石柱

英格丽德·克里斯坦森

数十年来，男性船员并不允许女性参与到他们的航行之中。然而在1931年，英格丽德·克里斯坦森和玛蒂尔德·韦格尔成为第一批从船上看到南极洲的女性。克里斯坦森曾多次往返南极，并在1936年时穿越南极大陆。1937年，她与3名女性机组人员一起在斯卡林独石柱登陆，成为有记录的首位抵达南极大陆的女性。

科考站

想要在南极成功越冬，就需要特殊的建筑。可升降的支柱防止研究站被雪掩埋。每座简易小屋都有不同的用途，从睡觉或锻炼到科学实验，一应俱全。

探索南极

在1959年时，12个国家共同签署了《南极条约》。该条约宣布南极洲仅用于和平目的——即禁止战争，禁止核武器，但有大量的科学用途！

科学之地

如今，已有50多个国家签署了《南极条约》，南极洲因此获得了“国际大陆”的美誉。

南极科学家的生活

冬天的南极洲冷得让人无法呼吸。暴风雪可能会持续数周之久，黑暗更是压得人喘不过气。但科学家也有时间去攀岩、滑雪，甚至到户外踢足球。

在夏季，南极洲大约生活着4400名研究人员和辅助人员，但到冬季时就只剩1100人。

他们研究什么？

在南极，研究涉及的范围极广，包括气候变化、动物、极光、臭氧层，甚至中微子（来自太空的微小粒子）。

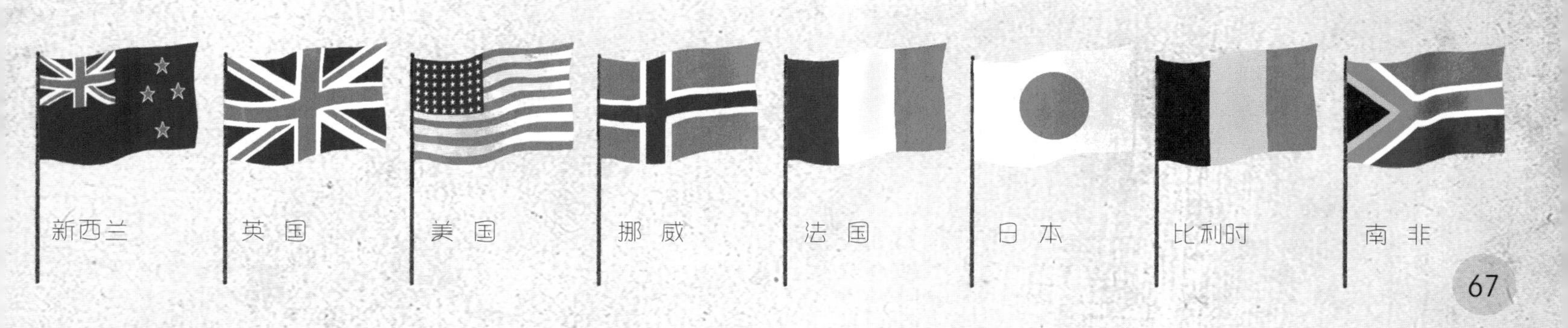

我与冰冻世界

气候变化所带来的影响会危及地球的南极与北极。

人类通过燃烧煤炭、石油等化石燃料来发电，导致地球越变越暖。这已经影响到了地球的南北两极。随着冰盖和冰川消融，生态系统变化的速度远远超过了植物和动物所能适应的速度。不过好消息是，现在扭转这些影响为时不晚。

如果我们齐心协力，就可以拯救物种免遭灭绝，恢复它们的栖息地，并帮助人类与动植物共同繁荣。**你我一起，保护极地。**

想要享受北极和南极的寒冷环境，穿得暖和很重要。

岌岌可危的冰川

我们这颗星球正变得越来越暖和。人类燃烧石油、煤炭等化石燃料，砍伐森林，这些行为加速了气候的变化。这种气候变化，即全球变暖，正在使地球的两极处于极端危险的境地。

太阳为我们的星球带来温暖，使生命成为可能，但同时太阳也产生有害的辐射。

正在消融的冰川

随着地球日益变暖，越来越多的冰川开始融化。北极熊、海象和其他许多生物依赖冰层才能在冰雪家园四处行动。失去了冰层，一些生物可能就无法找到足够的食物来果腹。

气候变化

地球的大气层就像一间温室，吸收来自太阳的热量，使地球变暖。但现在大气层锁住的热量比以往多。

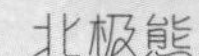
北极熊

增加的航运

航运量的增加意味着污染加剧，同时也会对海洋动物构成威胁，因为它们可能会被大型船只所伤。

有些太阳辐射被地球大气层吸收，并导致地球变暖。

有些热量又反射回了太空之中。

人类活动导致有害的温室气体在地球的大气层中堆积，从而吸收更多的太阳辐射。

上涨的潮汐

冰川融化意味着海洋中的水变多，从而导致海平面上升。这使世界各地沿海栖息地面临洪水来袭的危险。

食物之争

科学家们担心，海洋变暖会使磷虾的生存日益艰难。这将影响其他诸多以磷虾为食的动物。

企 鹅

磷 虾

帮助极地

气候变化是一个全球性的问题，它不仅会影响极地地区，也会影响世界其他地区。我们需要共同努力来解决这个问题。为了让地球变得更清洁、更环保、更适宜居住，我们还有大量的事可以做！

瓶装喂鸟器

关 灯

不使用了？把灯关了吧！

重获新生

你能想到旧瓶子或旧袋子的新用途吗？

分类与区分

帮助你身边的成年人从垃圾箱中取出可回收的物品。

灯

回收利用

节约能源

大部分电力由煤炭和天然气等会引发气候变化的化石燃料产生。所以，在不需要的时候，请关掉灯和电子设备，这有助于减少这些燃料的消耗。

回收或重复利用

物品重复使用或回收利用，有助于减少生产过程中对新原材料的需求。这就减少了污染。

即使是应对气候变化的小举动也可以帮助拯救极地的冰层。

去骑行

对于短途旅行而言，自行车是一种很好的出行方式。

自行车头盔

我们团结一致

政府、企业和科学家可以尽最大努力找到解决气候变化问题的方法。其中包括：寻找诸如风力涡轮机、太阳能板等新的再生能源，以及开发电动汽车等技术，以减少我们所产生的温室气体。

减少排放

由化石燃料驱动的汽车会排放有害的、导致气候变暖的温室气体。当你需要出行时，请尽量步行、骑行或乘坐公共交通。

观 鲸

由于蓝鲸的数量正逐步回升，人们可以乘船巡游，观赏在自然栖息地中的鲸。

一个成功却冷酷的故事

蓝鲸是地球迄今为止最大的动物——它比任何一种恐龙都大。但短短几十年的捕捞险些让这种动物灭绝。当20世纪70年代蓝鲸仅剩下360头时，人类决定停止捕鲸行为，让蓝鲸得以休养生息。

目前，世界上蓝鲸的数量已达1.5万头。

蓝鲸有几个亚种，其中分布于南极的南蓝鲸（南极蓝鲸）体型最长，体重最重。

每头鲸的尾巴上都有独特的标记，这便于科学家追踪它们。

大口吞咽

蓝鲸可以用它们庞大的嘴吞下成吨的磷虾。

婴儿肥

幼鲸在第一年时体重增加得很快。它们每天增加的体重约等于一个冰箱的重量。

蓝 鲸

如今，超过2000头南蓝鲸畅游在南极的海域。虽然这个数字与之前相比九牛一毛，但也提醒着我们，当人类齐心协力时，我们可以做得很棒。

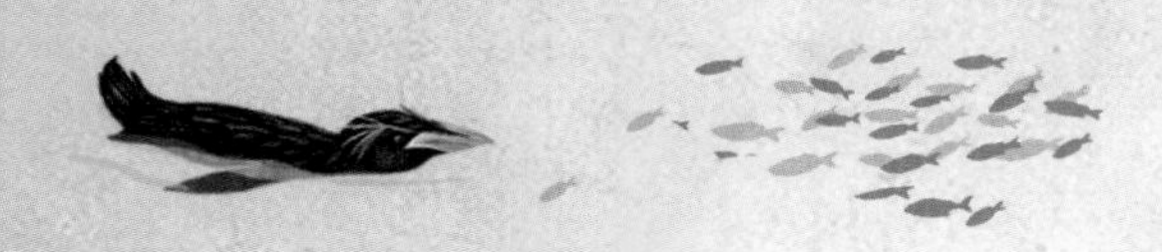
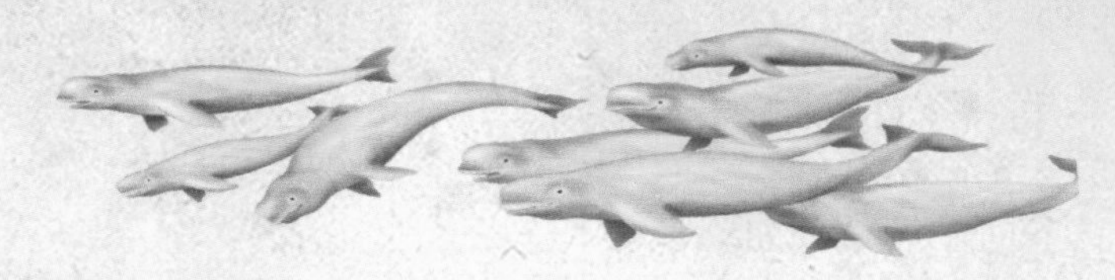

术语表

（以下词义只限于本书内容范围）

adapt 适应
生物随着时间的推移而发生变化，以便在环境中更好地生存。

arthropod 节肢动物
具有坚硬的外骨骼和分成节段的身体的一类无脊椎动物。

atmosphere 大气层
围绕着地球的一层厚厚大气圈，保护地球免受太阳光的灼伤。

benthos 底栖动物
生活在海底或海底附近的生物群落。

blowhole 喷气孔
长在鲸类头顶、可供其呼吸的鼻孔。

carnivore 食肉动物
以其他动物为食的动物。

climate change 气候变化
地球上温度和天气的变化。它可能由自然原因引起，也可能由人类活动造成（例如污染）。

crustacean 甲壳类动物
节肢动物的一种，多数为水生，通过鳃呼吸，比如龙虾和虾。

dam 堤坝
阻挡水的屏障。

echolocation 回声定位
某些动物依靠声音而非视觉来定位物体的方式。它们发出声波，利用折回声音定向。这有助于它们沟通交流或定位猎物。

ecosystem 生态系统
生物群及其环境的共同体，包括周围的土壤、水和空气。

evolve 演化
生物朝有利于生存的方向渐渐变化与适应。

fatty tissue 脂肪组织
用于储存脂肪的一类身体组织。

fossil fuels 化石燃料
由数百万年前死亡的动物、植物所形成的燃料，比如煤炭和石油。

greenhouse gases 温室气体
地球大气层中吸收热量并使地球变暖的气体。

hemisphere 半球
地球的上半部分或下半部分。北极位于北半球，南极位于南半球。

indigenous people 原住民
某个地方已知最早的居民，或与之相关的民族。

Inuk 因纽特人
属于因纽特族群的人。

invertebrate 无脊椎动物
没有脊椎骨的动物。

keystone species 关键种
有助于维持其栖息地的生物。

landmass 陆地板块
大陆或大面积的土地。

larva 幼虫
昆虫从卵中孵出以后，在成虫阶段之前的形态。

magnetic field 磁场
围绕在磁铁或行星、恒星或星系周围的磁力区域。

migrate 迁徙，迁移
从一个地区移动到另一个地区。

mineral 矿物
存在于自然界中，形成固体的一组化学物质，比如晶体。

nomadic 游牧的
不在某处定居，而是在一定区域内不断迁移以寻找水源和食物。

orbit 运行轨道
一个物体在重力作用下围绕另一个物体运行的路径，就如行星围绕太阳运行那样。

parasite 寄生动物
居住在宿主动物身上，并靠宿主喂养的动物。

permafrost 冻土层
地下永久性冻结的土石层。

polar 极地的
与南、北极点附近区域有关的。

predator 捕食者
猎食其他动物的动物。

prey 猎物
被其他动物捕食的动物。

remote 偏远的
远离繁华的地区。

scavenger 食腐动物
以动物尸骸为食的动物。

solar wind 太阳风
来自太阳的带电粒子流。

thaw 融化
消融。

torpedo 鱼雷
从潜艇上发射出的细长的圆筒形武器。

tusk 长牙
从大象和一角鲸等动物的颚部长出的长牙。有时被称为象牙，易于雕刻并用于制作首饰。

vertebrate 脊椎动物
有脊椎骨的动物。

whaling 捕鲸
为了获取鲸肉和鲸脂而捕杀鲸类的行为。

中英词汇对照表

注：以下英中对照的词义只限于本书内容范围。

英文	中文
Africa	非洲
Albatross	信天翁
Aleut	阿留申人
American beaver	美洲河狸
Amphipod	端足目动物
Antarctic fur seal	南极海狗
Antarctic nototh-enioid fish	南极冰鱼
Antarctic octopus	南极章鱼
Antarctic prion	鸽锯鹱
Antarctic shag	南极鸬鹚
Antarctic	南极的
Antarctica	南极
Anti-freeze	防冻的
Arachnid	蛛形纲动物
Arctic	北极，北极地区；北极的
Arctic bumblebee	“北极星”熊蜂
Arctic Circle	北极圈
Arctic cod	北极鳕鱼

英文	中文
Arctic fox	北极狐
Arctic haddock	黑线鳕
Arctic hare	北极兔
Arctic poppy	北极罂粟
Arctic skua	北极贼鸥；短尾贼鸥
Arctic tern	北极燕鸥
Arctic willow	北极柳
Arctic wolf	北极狼
Arctic woolly bear moth	北极灯蛾
Argentina	阿根廷
Arnoux's beaked whale	阿氏贝喙鲸
Arthropod	节肢动物
Asia	亚洲
Atlantic Ocean	大西洋
Atlantic puffin	北极海鹦
Aurora	极光；古罗马神话中的黎明女神欧若拉
Aurora Australis	南极光

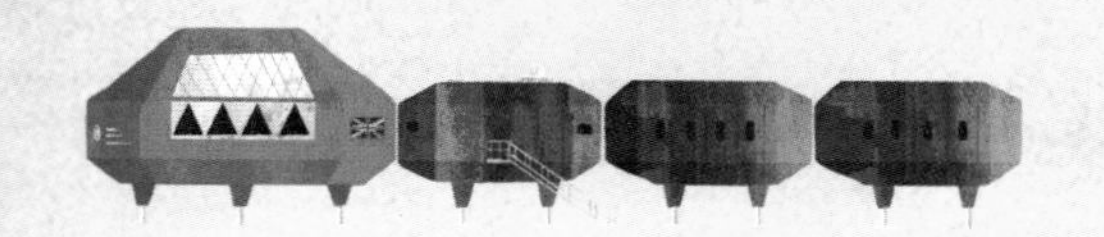

英 文	中 文
Aurora Borealis	北极光
Australia	澳大利亚
Baleen	鲸须
Baleen whale	须鲸
Bearberry	熊果
Beerenberg	贝伦火山
Belgium	比利时
Beluga whales	白鲸
Black guillemot	白翅斑海鸽
Black-legged kittiwake	三趾鸥
Blocky iceberg	块状冰山
Blubber	海兽脂
Blue whale	蓝鲸
Boreal pixie cup lichen	北方石蕊
Borehole	钻孔
Botfly	人肤蝇
Bow	船首
Brinicle	水下冰锥
Brown skua	棕贼鸥
Bryozoan	苔藓动物
Camouflage	伪装；保护色

英 文	中 文
Caribou	北美驯鹿
Caterpillar	毛虫；飞蛾幼虫
Chile	智利
Chinstrap penguin	帽带企鹅
Common eiders	欧绒鸭
Common freckle pelt lichen	绿皮地卷
Common loon	普通潜鸟
Cotton grass	纯白羊胡子草
Crabeater seal	食蟹海豹
Crustacean	甲壳类动物
Deception Island	欺骗岛
Domed iceberg	穹顶形冰山
Dry-docked ice-berg	干船坞形冰山
Echolocation	回声定位
Elephant seal	象海豹
Emperor penguin	帝企鹅
Endurance	“坚忍号”探险船
Ernest Shackleton	欧内斯特·沙克尔顿
Europe	欧洲
European elk	欧洲麋鹿；驼鹿
Fin whale	长须鲸

英　文	中　文
Fireweed	柳兰
Flat-topped ice-berg	平顶形冰山
Food web	食物网
Foraging	觅食
Fossil fuel	化石燃料
France	法国
Fur seal	海狗
Fur	毛皮
Gentoo penguin	巴布亚企鹅；金图企鹅
Giant Petrel	巨鹱
Giant squid	大王乌贼；巨乌贼
Glacier	冰川
Great Black-backed Gull	大黑背鸥
Great Shearwater	大鹱
Greenland shark	格陵兰鲨
Guillemot	海鸽
Gyrfalcon	矛隼
Harp seal	竖琴海豹
Hemisphere	半球

英　文	中　文
Hull	船身
Ice breakers	破冰船
Ice sheet	冰盖
Ice shelf	冰架
Ice volcano	冰火山
Iceberg	冰山
Igloo	冰屋
Indigenous people	原住民
Ingrid Christensen	英格丽德・克里斯坦森
Inuit	因纽特人
Ivory gull	白鸥
Jan Mayen	扬马延岛
Japan	日本
Jellyfish	水母
Keratin	角蛋白
Keystone species	关键种
Khanty	汉特人
King eider	王绒鸭
King penguin	王企鹅
Krill	磷虾
Larva	幼虫

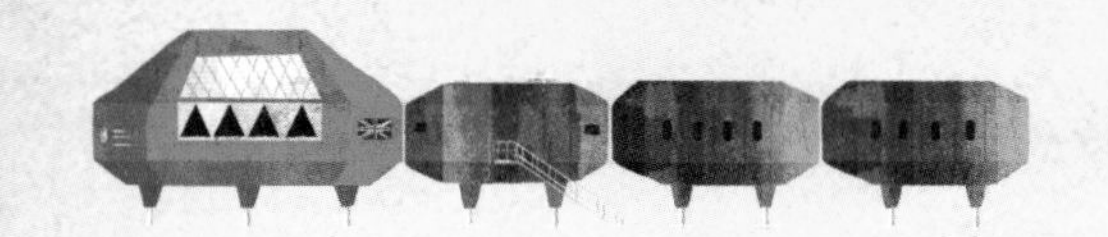

英　文	中　文
Lava lake	熔岩湖
Least Weasel	伶鼬
Lemming	旅鼠
Leopard seal	豹海豹
Lichen	地衣
Light aircraft	轻型飞机
Little auk	黑头海雀
Long-tailed jaeger	长尾贼鸥
Louise Arner Boyd	路易斯・阿纳・博伊德
Macaroni penguin	马克罗尼企鹅；长眉企鹅
Mathilde Wegger	玛蒂尔德・韦格尔
Metamorphosis	（生物学）蜕变；变态
Midge	蠓
Minke whale	小鰛鲸
Moose	麋；驼鹿
Mosquito	蚊子
Mosses	苔藓
Moulting	换羽

英　文	中　文
Mount Erebus	埃里伯斯火山
Mouse-eared chickweed	北极卷耳
Narwhal	一角鲸
Nenets	涅涅茨人
Neutrino	中微子
New Zealand	新西兰
Non-tabular iceberg	无定型冰山
Normal ship	普通船只
North America	北美洲
North Pole	北极点
Northern gannets	北鲣鸟
Norway	挪威
Orca	虎鲸
Ozone layer	臭氧层
Parasite	寄生生物；寄生虫
Penguin	企鹅
Peregrine falcon	游隼
Permafrost	永冻土
Petrel	海燕
Pinnacled iceberg	塔状冰山

英 文	中 文
Plankton	浮游生物
Pod	鲸群
Polar bear	北极熊
Pollinator	传粉昆虫
Polytrichum moss	金发藓
Predator	捕食性动物；捕食者
Prey	猎物
Ptarmigan	雷鸟
Purple saxifrage	挪威虎耳草
Pytheas	皮西亚斯（古希腊探险家）
Razorbill	刀嘴海雀
Red phalarope	红颈瓣蹼鹬
Red-necked phalarope	红领瓣足鹬
Red-throated loon	红喉潜鸟
Reindeer	驯鹿
Reindeer cup lichen	杯状地衣
Roald Amundsen	罗尔德·阿蒙森
Robert Scott	罗伯特·斯科特
Rock ptarmigan	岩雷鸟

英 文	中 文
Ross seal	罗斯海豹
Ross's goose	细嘴雁
Ruddy turnstone	翻石鹬
Russia	俄罗斯
Saami	萨米人
Sanderling	三趾滨鹬
Scavenger	食腐动物
Scullin Monolith	斯卡林独石柱
Sea star	海星
Sea urchin	海胆
Seal	海豹
Skua	贼鸥
Sloping iceberg	斜坡形冰山
Snow bunting	雪鹀
Snow goose	雪雁
Snow petrel	雪鹱
Snowmobiles	雪地摩托
Snowy owl	雪鸮
Snowy sheathbill	白鞘嘴鸥
Solar wind	太阳风
South Africa	南非
South America	南美洲
South Pole	南极点

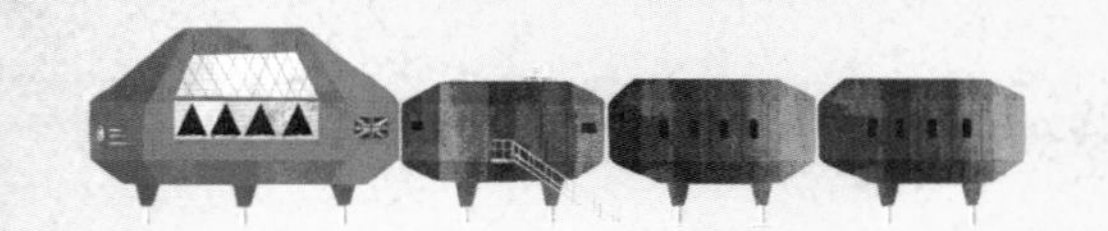

英　文	中　文
Southern bottle-nose whale	南瓶鼻鲸
Southern elephant seal	南象海豹
Southern right whale	南露脊鲸
Southern rockhop-per penguin	南跳岩企鹅
Sperm whale	抹香鲸
Sphagnum moss	泥炭藓
Sponge	海绵
Tabular iceberg	桌状冰山
Tern	燕鸥
The Antarctic Treaty	《南极条约》
Tick	蜱虫
Tobogganing	雪橇滑行
Toothed whale	齿鲸
Tube worm	管虫
Tundra swan	小天鹅
Tundra	苔原
UK	英国

英　文	中　文
USA	美国
Walrus	海象
Wandering alba-tross	漂泊信天翁
Waterfall	瀑布
Weasel	鼬
Weathered iceberg	风化型冰山
Weddell Sea	威德尔海
Weddell seal	威德尔海豹
Wedge iceberg	楔形冰山
Western sandpiper	西方滨鹬
Wetland	湿地
White whale	白鲸
White-tailed eagle	白尾海雕
Wilson's storm petrel	黄蹼洋海燕
Wolverine	貂熊
Yellow marsh saxifrage	山羊臭虎耳草
Yupik	尤皮克人

致 谢

The publisher would like to thank the following people for their assistance: Susie Rae for the index and proofreading.

图片来源

The publisher would like to thank the following for their kind permission to reproduce their photographs: (Key: a-above; b-below/bottom; c-centre; f-far; l-left; r-right; t-top)

1 123RF.com: Eric Isselee / isselee (bl). **Dreamstime.com:** Agami Photo Agency (c); Isselee (cr); Deaddogdodge (cra); Sergey Uryadnikov / Surz01 (clb). **4-5 Dreamstime.com:** Oskari Porkka. **5-73 Dreamstime.com:** Designprintck (Background). **6-7 Dreamstime.com:** Ruslan Nassyrov / Ruslanchik. **6 Alamy Stock Photo:** Ton Koene (cb). **Dorling Kindersley:** Andrew Beckett (tr); Tracy Morgan (c). **Dreamstime.com:** Deaddogdodge (crb); Luis Leamus (tc); Helen Panphilova / Gazprom (cra); Konstantin Pukhov / Kostya6969 (cl). **naturepl.com:** Eric Baccega (clb). **7 Alamy Stock Photo:** Keren Su / China Span (cl); Ray Wilson (tr); Roger Clark (cb); H. Mark Weidman Photography (cr); Zoonar / Dmytro Pylypenko (crb). **Dorling Kindersley:** leksele (tc). **Dreamstime.com:** Jan Martin Will (tc/Penguin). naturepl.com: Colin Monteath (cb/grass); Tui De Roy (cla). **Shutterstock.com:** David Osborn (clb); Tarpan (cb/seal). **8-9 Dreamstime.com:** Hramovnick (t/Icicles); Prachenko Iryna (t); Christopher Wood (ca); Robkna (cb). **8 Dreamstime.com:** Steve Allen (br); Alexey Sedov (cb); Rgbe (cl); Luis Leamus (bl). **9 Dreamstime.com:** Deaddogdodge (ca); Alexey Sedov (cra); Fotokon (c); Photographerlondon (clb); Ndp (bc, crb). **10 Dreamstime.com:** Scattoselvaggio (crb). **Getty Images:** Moment / Javier Fernndez Snchez (clb). **11 Alamy Stock Photo:** blickwinkel / AGAMI / A. Ghignone (clb). **Getty Images:** DmitryND (crb). 12 123RF.com: Steve Byland / steve_byland (cla). **Alamy Stock Photo:** All Canada Photos / Ron Erwin (crb). **Dreamstime.com:** Perchhead (cra). **Getty Images / iStock:** E+ / Oleh_Slobodeniuk (clb). **13 Dreamstime.com:** Iakov Filimonov / Jackf (crb). Getty Images: Steve Austin (clb). **14 Alamy Stock Photo:** imageBROKER / Michael Weberberger (clb/whale). **Dorling Kindersley:** Andrew Beckett (tr). **Dreamstime.com:** Iakov Filimonov / Jackf (cb); Sergey Korotkov (clb). **naturepl.com:** Tui De Roy (ca). **16-17 naturepl.com:** Norbert Wu. **16 naturepl.com:** Jordi Chias (cra). **17 naturepl.com:** Norbert Wu (cra). **18 Dreamstime.com:** Christopher Ewing (ca). **19 Dreamstime.com:** Gail Johnson (br); Wirestock (bl). **20-21 Alamy Stock Photo:** Ashley Cooper pics. **20 Alamy Stock Photo:** Ashley Cooper pics (br). **24-25 Alamy Stock Photo:** robertharding / David Jenkins. **26 Alamy Stock Photo:** Arterra Picture Library / Arndt Sven-Erik (br); Ken Archer / DanitaDelimont (cla); Tom Ingram (bc). **Dreamstime.com:** Agami Photo Agency (c/x4); Lee Amery (tr); Andreanita (cr, c); Akinshin (clb). **27 Alamy Stock Photo:** All Canada Photos / Benjamin Dy (cr); blickwinkel / McPHOTO / TRU (clb); Arterra Picture Library / van der Meer Marica (crb, bl); Arterra Picture Library / Arndt Sven-Erik (fcra, br). **Dreamstime.com:** Erectus (cl, cra); Vladimir Melnikov (ca); Koldunova (c); Lillian Tveit (cb). **28 Dreamstime.com:** Jim Cumming (b); Mikelane45 (cra); Marcin Wojciechowski (cl). **Shutterstock.com:** Jukka Jantunen (c). **29 Dreamstime.com:** Per Bjorkdahl (ca); Samsem67 (tl); Mikhail Blajenov (tc); Denis Pepin (bl); Sergey Uryadnikov / Surz01 (cla); Lanaufoto (c). **30 123RF.com:** Vasiliy Vishnevskiy / ornitolog82 (tl). **Dorling Kindersley:** Roger Tidman (cr). **Dreamstime.com:** Agami Photo Agency (tc); Lee Amery (cl); Wkruck (tl/Red-throated diver); Jeff Grabert (cla); Paul Reeves (ca); Frank Fichtmueller (bl); Vladimir Melnik (bc); Dinozzaver (br). Getty Images: Daniel Parent (tr). **30-31 Dreamstime.com:** Neil Burton (c). **31 Dorling Kindersley:** Chris Gomersall Photography (bl); Mike Lane (ca); Windrush Photos (c). **Dreamstime.com:** Agami Photo Agency (br); Razvan Zinica (tl); Brian Kushner / Bkushner (cla); Andreanita (cl); Julian Popov (ca/gannets); Henkbogaard (cra); Smitty411 (cb); Simonas Minkeviius (cb/Sanderling); David Spates (crb); Mogens Trolle (crb/Northern fulmar). **32 Dreamstime.com:** Planetfelicity (cr, b). **33 Alamy Stock Photo:** Franco Banfi / Nature Picture Library (bl); SCOTLAND: The Big Picture / Nature Picture Library (cr). **Getty Images:** Doug Allan (ca); Kevin Schafer (cra). **naturepl.com:** Chris Gomersall (crb); Tony Wu (tl); Pal Hermansen (tr). **34-35 Dreamstime.com:** Planetfelicity. **36 Alamy Stock Photo:** John Delapp / Alaska Stock / Design Pics Inc (tl); Louise Murray (c). **Dreamstime.com:** Bborriss (cla); Anna Markova (fclb); Kateryna Mashkevych (clb); Vitaserendipity (bl); Digitalimagined (cb); MikeModular (br). **36-37 Alamy Stock Photo:** GenOne360 (c). **Dreamstime.com**: Tanchic (cb). **37 Alamy Stock Photo:** blickwinkel / McPHOTO / BRS (cl); GM Photo Images (ca); Guy Edwardes / Nature Picture Library (cr); Nature Picture Library (c). **Dreamstime.com:** Jay Beiler (tl); Tony Campbell (cla); Lars Ove Jonsson (tr); Ordinka26 (ca/yellow Saxifraga); Tanchic (cb); Olya Solodenko (br). **38 123RF.com:** Charles Brutlag (clb). **Alamy Stock Photo:** Phil Savoie / Nature Picture Library (cb). **naturepl.com:** Bryan and Cherry Alexander (cr); Jenny E. Ross (cl). **39 Alamy Stock Photo:** Daniel Heuclin / Nature Picture Library (c/Human botfly). **Dreamstime.com:** Risto Hunt (cb); Orionmystery (c). **naturepl.com:** Nick Upton (crb). **40 Alamy Stock Photo:** Cindy Hopkins (br). **Dreamstime.com:** Alexander Khitrov. **42 Alamy Stock Photo:** Frans Lemmens (c). **Dreamstime.com:** Vladimir Konjushenko (br). **42-43 Dreamstime.com:** Checco (cb). **43 Dreamstime.com:** Hel080808 (tl). **44-45 Alamy Stock Photo:** Richard Ryland. **44 Dreamstime.com:** Ruslan Gilmanshin (crb). **47 Alamy Stock Photo:** Historic Collection (bc); Tango Images (cra). **48-49 Dreamstime.com:** Slew11. **50 Dorling Kindersley:** Alan Burger (c). **Dreamstime.com:** Agami Photo Agency (tc). **51 Alamy Stock Photo:** Helmut Corneli (clb). **Dreamstime.com:** Jonathan R. Green / Jonagreen (cla); Jan Martin Will (ca). **52 Dreamstime.com:** Vladislav Jirousek (cra). **53 Alamy Stock Photo:** Michael Nolan / robertharding (ca/leopard seal). **Dreamstime.com:** Vladislav Jirousek (ca); Robertlasalle (cra). **54-55 123RF.com**: Eugene Sergeev. **Dorling Kindersley:** Natural History Museum, London (c). **54 Alamy Stock** Photo: Fred Olivier / Nature Picture Library (fcrb). **Dreamstime.com:** Allexxandar (c); Simone Gatterwe / Smgirly (bl); Sandra Nelson (clb). **55 Dreamstime.com:** Leonello Calvetti (cra). **naturepl.com:** Jordi Chias (cb); Doug Perrine (tc). **56 Alamy Stock Photo:** imageBROKER / Jurgen & Christine Sohns (clb). **Getty Images:** by wildestanimal (cr); Peter Giovannini (cla). **naturepl.com:** Jordi Chias (cl). **57 Alamy Stock Photo:** Alasdair Turner / Cavan Images (cla); Norbert Wu / Minden Pictures (cl). **Dreamstime.com**: Staphy (ca). naturepl.com: Jordi Chias (cr). **58 Alamy Stock Photo:** Blue Planet Archive FBA (bl); Andreas Maecker (cla). **Dreamstime.com:** Simone Gatterwe / Smgirly (cra). naturepl.com: Richard Herrmann (tl). **58-59 Alamy Stock** Photo: George Karbus Photography / Cultura Creative RF (cb). **59 Alamy Stock Photo:** Jurgen Freund / Nature Picture Library (tr); Wildestanimal (cr); Doc White / Nature Picture Library (br). **Getty Images / iStock:** bbevren (tl). **60 Alamy Stock Photo:** Marie Read / Nature Picture Library (tl). **Dreamstime.com:** Hakoar (cla, c, br, crb); Pisotckii (bl). **61 Alamy Stock Photo:** Luis Quinta / Nature Picture Library (tc); Chris & Monique Fallows / Nature Picture Library (cr); Markus Varesvuo / Nature Picture Library (crb). Dreamstime.com: Agami Photo Agency (clb); Ondej Prosick (tl); Tarpan (cl). **naturepl.com:** Claudio Contreras (cb); Brent Stephenson (tr). **62 Dreamstime.com:** Andybignellphoto (crb, tr); Gentoomultimedia (cl). **63 Alamy Stock Photo:** Zoonar / Sergey Korotkov (cla). **Dreamstime.com:** Isselee (tc); Willtu (clb); Angela Perryman (cr). **Getty Images:** Andrew Peacock (bc). **64 Getty Images:** Bettmann (clb). **65 Dreamstime.com:** Gentoomultimedia (cl). **Getty Images:** Bettmann (tr); Hulton-Deutsch Collection / Corbis (c). **67 Getty Images:** Andrew Peacock (crb). **68-69 Dreamstime.com:** Polina Bublik. **70 Dreamstime.**com: Yan Keung Lee (t); Ondej Prosick (clb). **71 Dreamstime.com:** Silvae1 (br); Tarpan (bl, fbl, bc). **72 Dreamstime.com:** Airborne77 (cr); Rawin Tanpin (bl); Lianna2013 (cl); Tatiana Kuklina (tr). **73 Dreamstime.com:** Cretolamna (clb). **74 naturepl.com:** Doug Perrine (tr). **75 Getty Images:** SCIEPRO / Science Photo Library (tl)

Cover images: *Front:* **123RF.com:** Eric Isselee / isselee cl; **Dreamstime.com:** Luis Leamus tl, Sergey Uryadnikov / Surz01 cra, Vladimir Seliverstov / Vladsilver crb; Back: **123RF.com:** Eric Isselee / isselee cr; **Dreamstime.com:** Luis Leamus tr, Sergey Uryadnikov / Surz01 cla, Vladimir Seliverstov / Vladsilver clb; *Spine:* **Dreamstime.com:** Sergey Uryadnikov / Surz01 t

关于插画者

克莱尔·麦克尔法特里克是一位从事自由工作的艺术家。她精美的手绘和拼贴插画的灵感来自她位于英格兰乡村的家乡。克莱尔也为本系列的其他书籍绘制了插图：《精彩的虫百科》《不可思议的海洋百科》和《多姿多彩的鸟类百科》。